高职高专艺术设计类专业"十二五"规划教材

室内效果图快速表现

SHINEI XIAOGUOTU KUAISU BIAOXIAN

崔 杰 尤长军 主 编

李明恩 副主编

化学工业出版社

·北京·

本书介绍了室内效果图快速表现的认知和室内效果图快速表现完成的途径和处理手法。具体包括：钢笔速写、钢笔淡彩效果图表现，水粉效果图表现，彩铅效果图表现，马克笔效果图表现技法，并详细介绍了室内效果图快速表现实战的重要法则、项目实战、项目实战课题等内容。

本书适合高职高专环境艺术设计、室内设计等相关专业作为教学用书，也适合于相关从业者和爱好者阅读参考。

图书在版编目（CIP）数据

室内效果图快速表现/崔杰，尤长军主编．—北京：化学工业出版社，2015.9

高职高专艺术设计类专业"十二五"规划教材

ISBN 978-7-122-24919-7

Ⅰ．①室…　Ⅱ．①崔…②尤…　Ⅲ．①室内装饰设计-建筑构图-绘画技法-高等职业教育-教材　Ⅳ．①TU204

中国版本图书馆CIP数据核字（2015）第187926号

责任编辑：李彦玲　　　　　　　　　　　装帧设计：王晓宇
责任校对：边　涛

出版发行：化学工业出版社（北京市东城区青年湖南街13号　邮政编码100011）
印　　刷：北京云浩印刷有限责任公司
装　　订：三河市骦发装订厂
787mm×1092mm　1/16　印张7　字数176千字　2015年10月北京第1版第1次印刷

购书咨询：010-64518888（传真：010-64519686）　　售后服务：010-64518899
网　　址：http://www.cip.com.cn
凡购买本书，如有缺损质量问题，本社销售中心负责调换。

定　　价：35.00元

前言
Preface

　　室内效果图快速表现是环境艺术设计专业、建筑装饰设计专业、装潢艺术设计与室内装饰设计等专业十分重要的一门专业技能基础课。同时，室内效果图快速表现又是一门非常重视实践的课程，使学习、认知与设计实践紧密相连，是学生将来作为一名室内设计师与客户建立良好沟通的一项关键技能。

　　本书依据我国高等职业院校艺术设计相关专业教学标准、教学计划的规范要求，坚持理论与实践相结合的原则，突出艺术设计类专业的应用性特点，融艺术、技术、观念、探索于一体。本书通过大量的实践案例资料和清晰的示范步骤，让学生全面掌握室内效果图快速表现的方法和技巧，大大提高方案设计能力、交流沟通能力，并增强创新意识和艺术修养，从而达到实际装饰装修工程技术要求的水准，做到学以致用，为将来迅速适应工作岗位打下坚实的基础。

　　本书作者均为从事多年室内设计教学工作和室内装饰工程项目设计经验的"双师型"高校教师。第一主编崔杰负责本书的项目一、项目二、项目三和全书的统稿工作。第二主编尤长军负责项目四、项目五、项目六的编写。副主编李明恩负责项目七的编写。参编秦慧老师负责导论内容的编写。

　　本书的编写过程中，编者参考引用了相关书籍、网站的资料，有的已经列入了参考文献中，并竭尽所能注明设计者姓名，但仍有一部分散见于各种书籍、报刊、网络的作品，因受资料来源的限制，未能准确核实来源，难以一一注明作者出处，在此对这些资料的作者表示衷心的感谢。

　　希望这本书对正在学习艺术设计专业的学生和正在从事室内设计工作的同行们，以及关心、爱好艺术设计的朋友们能有所帮助。但因编者水平有限，谬误与不足之处在所难免，敬请读者和专家们批评指正。

编者

2015 年 6 月

目 录
CONTENTS

导论

室内效果图快速表现的前期准备

 教学目标

① 了解室内效果图快速表现的基本概念。
② 了解室内效果图快速表现的主要用途及范围。
③ 掌握室内效果图快速表现的完成的途径和处理手法。

一、室内效果图快速表现的认知

1.基本概念

室内效果图快速表现是指设计者通过运用一定的绘画工具和表现方法，来构思室内设计主题，表现设计意图的一种快速手绘创作方法。

在室内设计前，效果图快速表现是和客户交流的重要手段，客户的意念通过设计师的思想，有机地融合，更现实地满足双方在客观上与主观上的需求，才是最满意的结果。

室内效果图快速表现的突出特点是运用手绘，当着客户面就可以图解说明，方便与客户的交流。手绘快速表现制作时间短，不受场地的限制，每当与客户交流遇到难用言语表达的设计及配置时，如果用手绘效果图快速表现出来，会使人更容易、更清楚地了解设计现状和构思。当客户在施工现场对设计实施方案提出异议的时候，可以根据客户的意愿现场修改方案，方案的探讨是一个彼此讨论的过程，故而时间紧促，此时快速表现就能够很好地扮演沟通者的角色。

2.主要用途及范围

当今，电脑技术在设计领域中得到了广泛的应用，电脑设计的普及化和数字化的确对传统手绘设计产生了巨大影响，手绘效果图表现只有快速表现，才能发挥手绘的优点，克服缺点，在室内设计流程中体现应有的地位。

现在室内效果图快速表现，在实践中应用越来越重要。室内设计师通过手绘效果图，可以很快地将客户要求表现在纸上，而电脑却不能快速地表现。不过室内效果图快速表现和电脑效果图各有优缺点，两者都不可替代。电脑效果图制作时间长、效果生硬，不过修改方便，写实性强。而室内效果图快速表现的优势是：在室内设计前室内效果图快速表现是设计师与客户交流的重要手段，在方案设计阶段，设计师可以便捷地捕捉瞬间的设计灵感，寥寥几笔将设计创意简单明了地表现出来，为下一步的深入方案设计做好准备。

室内效果图快速表现的重点是快速设计的创意和思路，它结合了图形和文字信息；电脑效果图的重点是尽可能真实地、完美地表现最终设计场景。一个是过程，一个是结果，因此室内效果图快速表现和电脑效果图设计二者形成动态的互补性与兼容性的正确关系（图1、图2）。

图1 卧室电脑效果图（崔杰 作）

图2 卧室手绘效果图快速表现（林文冬 作）

二、基本步骤和处理手法

室内效果图快速表现的目的，是为了更好地应用这一技能，服务于设计。随着现代科技的发展，运用电脑制作手段较多一些，但从艺术效果上看，远远不如手绘效果图快速表现生动。因此，掌握室内效果图快速表现处理手法非常重要，首先要施以切合实际的教学方法，其次要勤奋和努力，只有这样才能在今后设计创作的实践中，不断提高设计能力。

1.基本原则

随着时代的发展，社会的进步，人们对设计的需求有了更大的发展空间。效果图表现从最初的简单的描绘，发展到了日益普及的电脑绘画表现。而现代社会各种表现技法的完善，也使效果图快速表现得到了充分的发展和提高。但无论效果图快速表现如何变化，手段和技法如何演进，设计方案的反映和传达，都需要遵循如下三个基本原则：实用性、科学性、艺术性。

实用性：效果图以准确真实地反映设计作品效果为首要前提，以便于后期的施工与应用，有很强的实用性，且具有一定的专业特点。

科学性：效果图在绘制过程中要遵循一定的规则，严谨地按照透视关系和制图标准起稿，在使用功能上要按人体工程学的要求来设计表现。

艺术性：效果图是后期指导产品制作施工的有效蓝图，所以形式一般较为规矩周正。在表现当中，成熟的技巧，动感的线条，完美的结构，精美的画面能为其设计平添不少风采，增加效果图的艺术感染力。

2.学习方法

在学习过程中，要接受科学正规的训练指导，以免走弯路。根据一定的程序和步骤制订训练计划，掌握正确的学习方法。

① 眼勤。多留心观察风格独特的建筑装饰表现方法，注意观察周围的景观布局特点。

② 手勤。养成徒手勾画、速写、记录的习惯是设计者走向成功的开始。

③ 脑勤。多思考、多比较、多记忆，在创作的过程中多总结经验，不断提高表现能力。

3.基本步骤

（1）掌握透视

要运用透视规律来表现物体的结构，搭建空间框架，然后再运用艺术性的手法表现明暗、色彩、质感，最终完成室内空间表现图，从而体现设计者的意图。刚开始的学习重点在于透视的表现，以单线来表现室内的空间立体感。

（2）构图合理

构图是任何绘画中都不可缺少的最初表现阶段，装饰设计表现图当然也不例外，所谓的构图就是把众多的造型要素在画面上有机地结合起来，并按照设计所需要的主题，合理地安排在画面中适当的位置上，形成既对立又统一的画面，以达到视觉心理上的平衡。

（3）创意新颖

正确地把握手绘效果图设计的立意与构思，深刻领会设计意图是学习表现图的首要着眼点。为此，必须把提高自身的专业理论知识和文化艺术修养，培养创造思维能力和深刻的理解能力作为重要的培训目的，并贯穿学习的始终。

（4）构思造型

在表现手绘效果图中，素描中的三大面五大调的运用可根据设计效果的要求进行概括和简化。在实际设计应用中，要根据效果图的不同用处，来选择复杂与概括的表现手法，以便更清楚地表达你的设计构想。

（5）快速表现

在表现手绘效果图实际应用中，多要面对客户现场展示或构思，讲求"快，准，狠"，因此要笔墨不多却表达得淋漓尽致。

（6）把握色彩

一般效果图的色彩应力求简洁、概括、生动，减少色彩的复杂程度。用色彩表现效果图时，不仅表现色彩的关系、物体明暗关系，还要注意表现出不同材质的质感效果。

（7）追求质感

质感的表现方法在室内手绘效果图中有很大的作用。要根据不同表面材质的特征使用相应的运笔方式和表现手法。如有的表面肌理不显著，运笔可保持同一方向，涂色用笔要有速度。

室内效果图快速表现与电脑效果图表现相比，它效率高、表现力强，所以它不是计算机所能代替的，应该继续保持和发展下去，并且更应侧重手绘快速表现、创意表现等方面。

项目一
室内效果图透视表现

教学目标

① 了解室内效果图透视手法。

② 熟练掌握平行透视和成角透视的规律、方法，以及绘制时的简单技巧，避免一些错误手法的使用。

实训要求

根据透视原理分别绘制平行透视和成角透视的室内图纸。

技能指导

平行透视、成角透视。

项目实训

平行透视、成角透视的训练。

一、项目综述

室内设计是对建筑空间的设计，室内效果图快速表现（下简称室内表现图）必须表达出这种空间的设计效果，也就是要有空间感。因此，室内效果必须建立在一种缜密的空间透视关系的基础之上，对透视学知识的运用是掌握室内表现图技法的前提。现代透视制图学给我们提供了各种场景下的透视现象的制图方法。

1.透视图的主要术语及含义

透视图是表现图的关键所在，是表现图的骨架。表现图要表现物体的主体关系，把具有三度空间的物体转换成二度空间的物象。

为了弄懂透视图的基本原理，必须先了解透视学中一些透视图的主要术语及其含义（图1-1）。

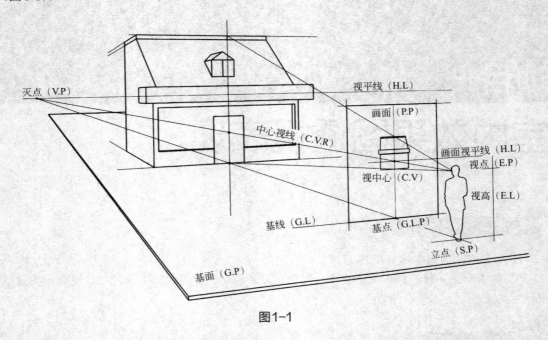

图1-1

① 立点S.P（Stand Point） 观察者所处的位置。

② 视点E.P（Eye Point） 观察者眼睛的位置。

③ 视高E.L（Eye Level） 立点（S.P）的地面位置到视点（E.P）的距离，视高（E.L）与视平线（H.L）同高。

④ 视平线H.L（Horizon Line） 与视点（E.P）同高、通过视中心（C.V）的线。

⑤ 中心视线C.V.R（Center Visual Ray） 视点（E.P）与视中心（C.V）的连线。

⑥ 视中心C.V（Center of Visual） 从视点（E.P）延伸到中心视线（C.V.R），与视平线（H.L）上相交处的点。

⑦ 灭点V.P（Vanishing Point） 视点（E.P）通过物体的各点并延伸到视平线（H.L）上的交汇点，又称消失点。

⑧ 画面P.P（Picture Plane） 视点与被视物体之间所设的垂直于基面的假设投影面。

⑨ 基面G.P（Ground Plane） 亦称地面，是物体位置的地平面。

⑩ 基线G.L（Ground Line） 指基面（G.P）与画面（P.P）底边相接的边线。

⑪ 基点G.L.P（Ground Line Point） 过画面的视中心（C.V）垂直于基面的直线与基线（G.L）相交的点

⑫ 测点M.P（Measuring Point） 也称量点，求透视图中物体尺度的测量点。

⑬ 视域范围 固定视野的所有视线集中在视点上形成的锥形范围。锥的截面是个近似的椭圆形，视轴上方的最大角度为45°，视轴下方的最大角度为65°，视轴左右最大角度为

140°（图1-2）。

⑭ 60°视域范围　视觉在视域范围内清晰，物体形状透视变化正常；超过60°以外，视觉不清晰、模糊，物体形状出现畸形变化。测点（M.P）的确定与视距有关，测点距视中心（C.V）越近，物体透视缩减，显得不稳定；测点距视中心越远，则感觉相对稳定（图1-3）。

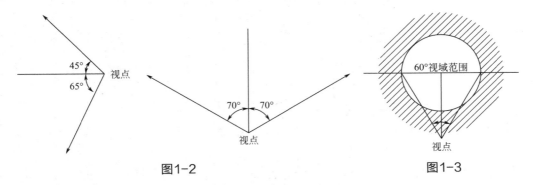

图1-2　　　　　　　　　　　　　　　图1-3

2.基础透视的类别

（1）平行透视

平行透视也称一点透视，它的表现范围广，有较强的纵深感，适合表现庄重、严肃的室内空间。平行透视是室内表现图中最为常用的一种方法，缺点是比较呆板（图1-4）。

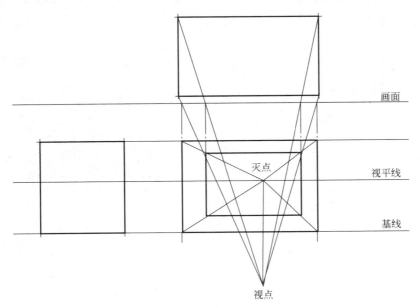

图1-4

平行透视有如下特征：① 只有一个灭点在画面内；② 水平线永远水平、不变形，只有远近大小变化；③ 垂直线永远垂直、不变形，只有远近大小变化。

（2）成角透视

成角透视也称二点透视，它的画面效果比较自由、活泼，反映空间比较接近于人的真实感觉。缺点是如果角度选择不好则易产生变形（图1-5）。

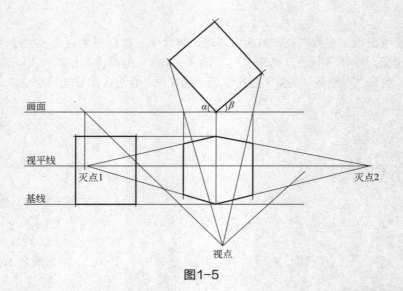

图1-5

成角透视有如下特征：① 有两个灭点消失在同一视平线；② 垂直永远垂直；③ 所成角度的和为90°，即α+β=90°。

（3）倾斜透视

当一个或几个平面与水平面成一边低一边高发生倾斜，或上下观察物体时，中视线发生倾斜，都叫倾斜透视（图1-6～图1-8）。

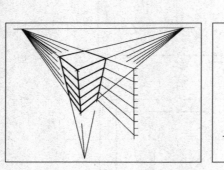
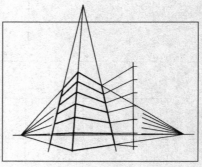

图1-6

三条棱边及三个面都不平行于画面，都消失在左右上（下）三个灭点。

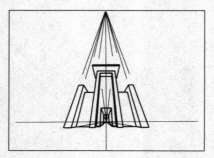
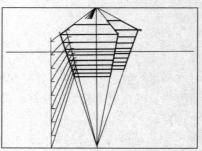

图1-7

只有一条棱边平行画面，其余两条棱边不平行画面，因此有两个灭点。

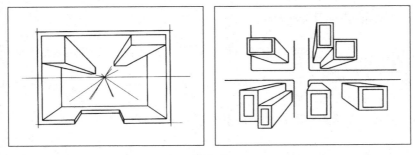

图1-8

垂直上下观察相当于平行透视一样，一个面平行于画面而且只有一个灭点。

（4）轴测图

轴测图能够再现空间的真实尺度，并可在画板上直接度量，但不符合人眼观看习惯，感觉比较别扭。因为轴测图没有透视意义上近大远小的基本原理，所以它并不属于透视的范围。

① 正轴测图。平面图旋轴30°，保持z轴垂直，这样做出图形竖直方向都保持垂直，所以称为正轴测图（图1-9）。

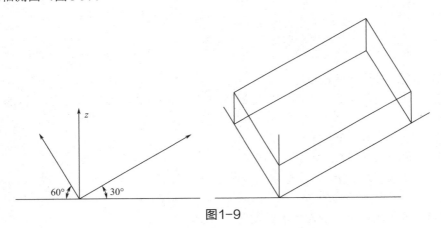

图1-9

② 斜轴测图。保持平面图形不动，将z轴倾斜30°，这样做出的图形竖直方向均倾斜30°，所以称为斜轴测图（图1-10）。

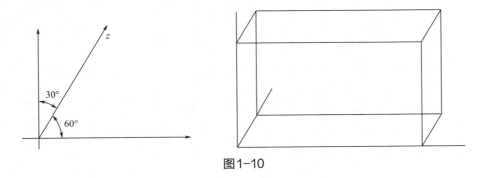

图1-10

二、项目实战

（一）任务一　透视作图初步实训

　教学目标

① 掌握透视作图的基本原理及方法。
② 能利用透视作图原理绘制简单图形的透视。

　实训要求

注意体会不同透视作图法的技巧。

　教学指导

不同透视作图方法在实际图形绘制中的灵活应用。

　项目实训

能利用透视作图方法完成两个图形的透视绘制。

1.不同透视作图原理及技巧

采用循序渐进的教学方法，将绘制透视图的各种要素分解开来，逐一进行讲解训练，并逐渐增加难度。

（1）利用对角线平行分割图形

已知透视面abcd与abfe，如图1-11所示。

① 作对角线ac、bd、af、be，分别得中点m、n；

② 过m、n分别作垂线gh、ij，即得面abcd、abfe的等分线；

③ 同理，可得面abgh、ghdc的等分线。

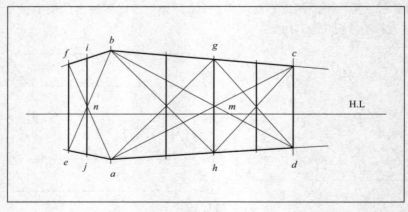

图1-11

（2）利用中线作已知透视平面的相等透视面

利用中线作已知透视平面 *abcd* 的相等透视面，如图1-12所示。

① 连接 *ad* 中点 *e* 与灭点 V.P 交 *bc* 于 *f*；

② 连接 *af* 并延长到视平线上的交点 V.P$_n$（即辅助灭点）；

③ 连接 *b*V.P$_n$ 与 *e*V.P 相交于 *g*，过 *g* 作水平线 *mn*，得透视面 *bcnm*；

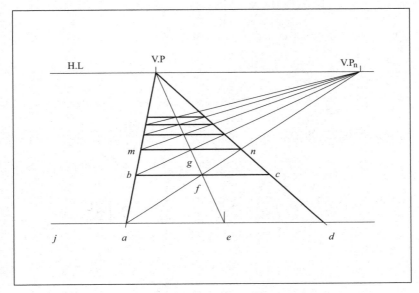

图1-12

（3）利用辅助灭点分割已知透视面

利用辅助灭点分割已知透视面 *abcd*，如图1-13所示。

① 过 *b* 做水平线 *bi*，并等分 *bi*，得点 *e*、*f*、*g*、*h*；

② 连接 *ic* 并延长到 H.L，得灭点 V.P；

③ 过点 V.P 分别连接点 *e*、*f*、*g*、*h*；与 *bc* 相交于 *e'*、*f'*、*g'*、*h'*；

④ 过点 *e'*、*f'*、*g'*、*h'*，分别作 *ab* 的平行线。

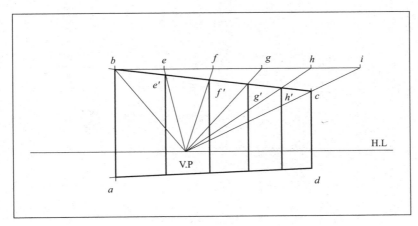

图1-13

（4）用8点求圆法作绘制圆的透视（如图1-14）

① 作 *ab* 中点 *e*，以点 *e* 为圆心、*eb* 为半径作半圆，并连接 *a*V.P、*e*V.P、*b*V.P；

② 以 *ae* 为边，作45°夹角，与半圆相交的点 *f*，过点 *f* 作 *ab* 垂线 *fg* 得点 *g*（同法得点 *h*），并连接 *g*V.P、*h*V.P；

③ 同理，可得相关交点，用圆滑的线条将各交点依次连接，即得透视圆。

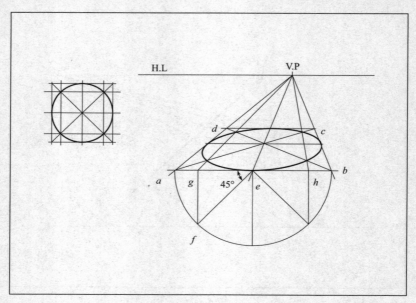

图1-14

（5）利用斜对角线求透视形体中心（如图1-15）

① 连接对角线 *ac*、*bd* 得中心点 *m*，*m* 即所求形体的中心；

② 过 *m* 作垂线，即得形体的垂直中线。

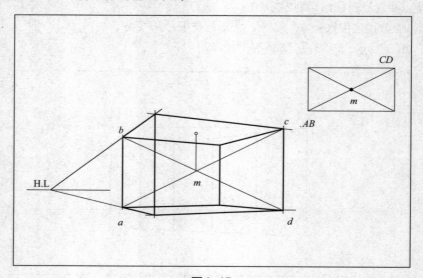

图1-15

（6）楼梯的透视画法（如图1-16）

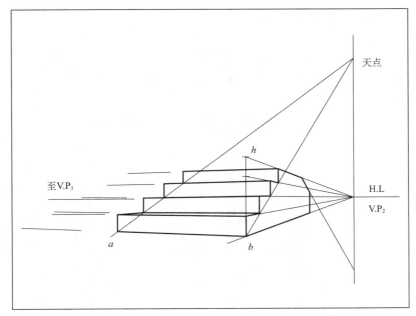

图1-16

① *hb*为台阶级数的刻度线，各刻度线分别与V.P$_2$连接，与点*b*和天点连线的相交点为台阶级数；

② 近低远高的面消失到视平线以上的天点，近高远地的面则消失到视平线以下的地点。

 2.任务实训

① 利用对角线平行分割图形法，对4开间的教室进行两次分割。

② 利用斜对角线分割透视形体中心法，对4开间的教室进行两次分割。

（二）任务二　平行透视（一点透视）实训

 教学目标

① 掌握平行透视的基本表现技法；

② 能熟练运用平行透视手法表现透视图。

 实训要求

注意平行透视形体大小的比例变化在透视图中的应用。

 项目指导

平行透视的基本绘制步骤。

项目实训

完成室内客厅的平行透视图。

1.任务指导

（1）分任务一：已知空间宽5m、进深6m、层高为3m，如图1-17所示，利用平行透视法绘制效果图。

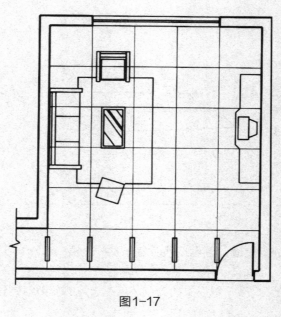

图1-17

具体步骤如下：

① 先用铅笔在平面图上轻轻画出以1m为单位的网格，确定为房间的结构与家庭的坐标，见图1-18。

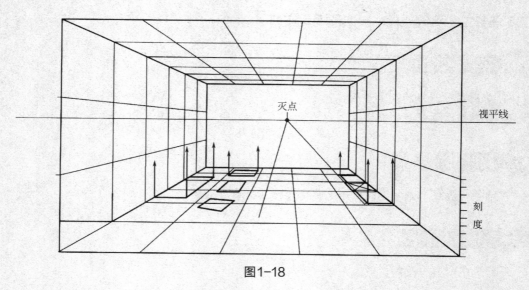

图1-18

② 按平行透视网格法求出宽5m、进深6m、层高为3m的空间透视。依据平面图上家具的长、宽坐标点，在地平面上确定好家具的摆放位置。由家具外形的转折点上向上引出高度的垂直线，为求家具的高做准备，见图1-19。

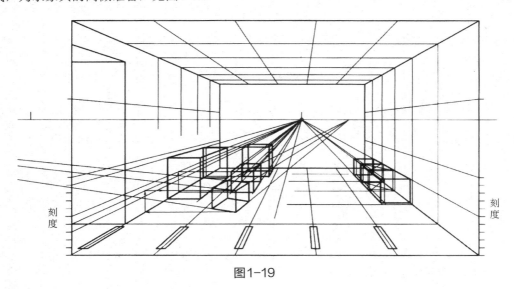

刻度

刻度

图1-19

③ 在垂直的内墙角或墙面外侧标出高度的刻度点，由灭点向刻度点（家具的具体高）连线，与靠墙家具垂直线相交界的点是该家具的透视高。没有靠墙的家具则要将坐标点由地面向墙角做出平行线得一相交点，由相交点做向上垂直线与由灭点向刻度点（家具的具体高）的连线相交，得出高度点，再向家具垂直线方向作平行线与之相交，该交点就是该家具的透视高。用此方法将室内家具画成立方体状（圆形也是如此），如图1-19所示。

④ 在家具大的形体（立方体状）的基础上我们可用对角线与中心先分割增值法等方法将家具型体细化，之后擦掉辅助线即完成室内透视图，如图1-20所示。

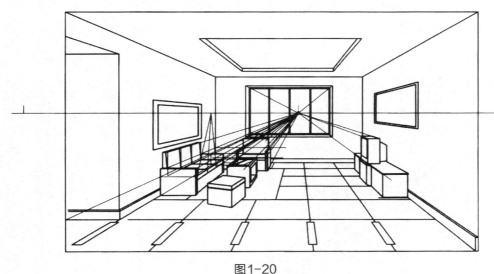

图1-20

（2）分任务二：已知空间宽5m，高3m，进深6m，采用平行透视法绘制透视图。

具体步骤如下：

① 首先按实际比例确定宽和高，绘成四边形ABCD。令AB=5m，AC=3m，然后利用点M（点M和点V.P任意定，但应令视高E.L=1.6m），即可求出室内的进深（Aa=6m），见图1-21。

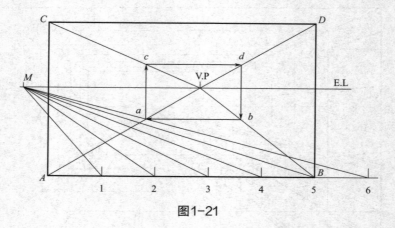

图1-21

② 从点M分别向点1、2、3、4、5、6画线与Aa相交的各点1′、2′、3′、4′、5′、6′，即为室内的进深，见图1-22。

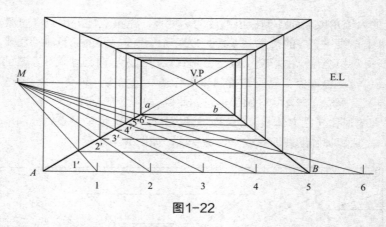

图1-22

③ 利用平行线画出墙壁与天井的进深分割线，然后从各点向点V.P引线，见图1-23。

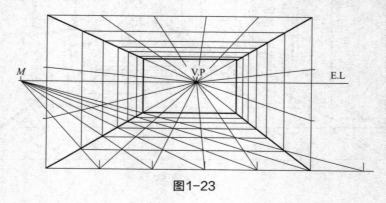

图1-23

④ 删除辅助点、线，完成图稿，见图1-24。

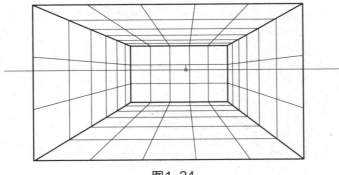

图1-24

2.平行透视中常出现的错误

① 表现的环境大部分在60度视域之外，所以透视畸形部分较多，正方形网络看似长方形，被表现的物体比较失调，如图1-25。

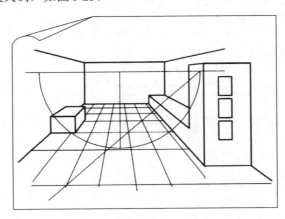

图1-25

② 相互平行的倾斜变线应为一个天点（或地点），应在测点处按实际角度来确定天点、地点，如图1-26。

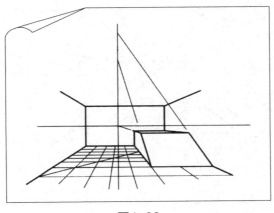

图1-26

③ 地面网络的原线没有通过等分点，测点法认识不清，这样的网络不起坐标作用，如图1-27。

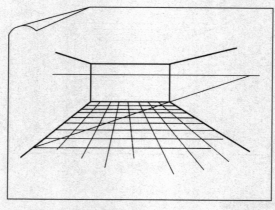

图1-27

④ 平行透视概念不清，变线不统一，造成室内环境扭曲，平行透视主体变线的灭点为同一灭点，如图1-28。

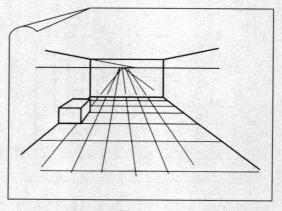

图1-28

⑤ 环境大部分在60度视域之外，透视畸形过多，床的长宽比例难以让人接受，如图1-29。

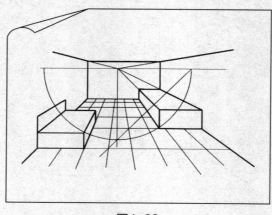

图1-29

⑥ 测高的方法不对，前面的大柱子画高了，后面的两个小柱子顶部不同高，如图1-30。

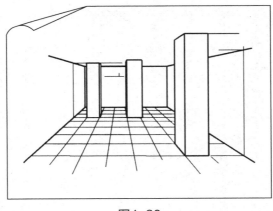

图1-30

3.任务实训：用平行透视绘制客厅透视图

（1）项目目的

通过客厅平行透视图的绘制练习，掌握平行透视图的绘制原则及步骤。

（2）项目任务

根据已给某客厅的平面图及立面图（图1-31、图1-32），完成客厅的平行透视图绘制。

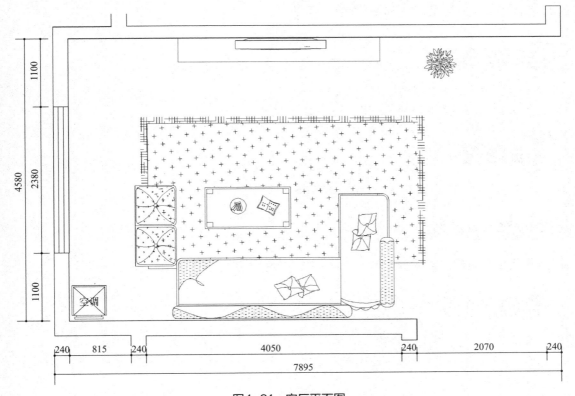

图1-31　客厅平面图

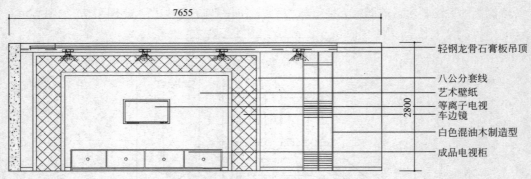

图1-32 客厅电视背景墙立面图

（3）项目要求

① 透视正确，比例恰当；

② 制图规范、绘制工整；

③ 透视关系正确；

④ 综合表现技法运用熟练。

（4）项目所用工具材料

A₃制图纸、铅笔、针管笔、圆规、丁字尺、直尺、三角板、橡皮、模板等。

（三）任务三　成角透视（两点透视）实训

 教学目标

① 掌握成角透视的基本表现技法；

② 能熟练运用成角透视手法表现透视图。

 实训要求

注意成角透视（两点透视）制图规律在透视图中的应用。

 项目指导

成角透视的基本绘制步骤。

 实训项目

完成室内书房的成角透视图。

1.任务指导

（1）分任务一：已知空间长5m、宽4m、高3m，绘制该空间的成角透视图。

用成角透视法绘图步骤如下：

① 首先按画面大小确定墙角线 H 长度，再将墙角线 H 分为三等份，高为 3m，该线也叫真高线。定视高（E.L）为 1.6m，再画 G.L 为刻度线，分别为长 5m、宽 4m（注意：单位量必须与真高线相等）。在视平线上定两个测点 M_1，M_2，位置分别比长、宽略向内收一点即可。然后再在视平线上定出两个灭点 V.P$_1$ 和 V.P$_2$，将它们分别定于墙角线 H（真高线）两倍以上的距离，见图 1-33。

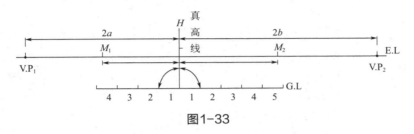

图 1-33

② 由两个灭点分别经墙角线 H 上下两端绘出地角线和顶角线，再由两个测点各自经 G.L 刻度线来分割地角线，得出长 5m、宽 4m 的透视点。从 AB 各点向上引出垂直线与顶角线相交，得出点 C、D，这样就形成了两个墙面，见图 1-34。

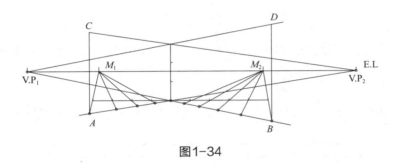

图 1-34

③ 由两个灭点分别经地角线的透视点，引出线条形成地面网格。同理，也可求出顶角线的透视点，画出顶面网格，见图 1-35。

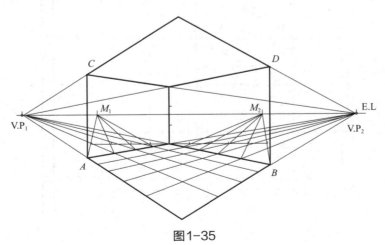

图 1-35

④ 从地角线的透视点逐点向上引出垂直线与顶角线相交，再由两个灭点分别经墙角线 *H* 上的刻度点画出墙面网格，见图1-36。

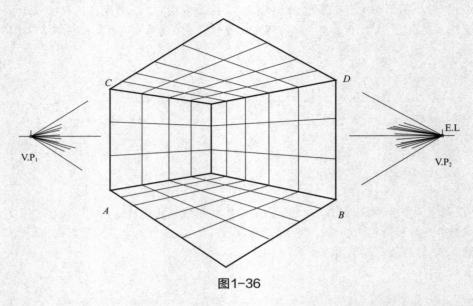

图1-36

（2）分任务二：已知空间宽5m、进深6m、层高6m，采用成角透视绘图的步骤绘制该房间的效果图。

具体步骤如下：

① 先用铅笔在平面图上轻轻画出以一米为单位的网格，确定房间的结构为家庭的坐标，见图1-37。

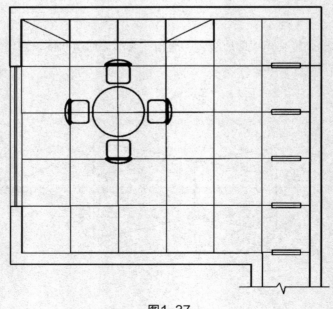

图1-37

② 确定好家具的摆放位置，见图1-38。

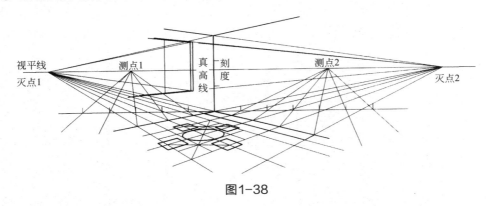

图1-38

③ 圆餐桌先以立方体为透视高度，再用8点画圆法将圆画出，见图1-39。

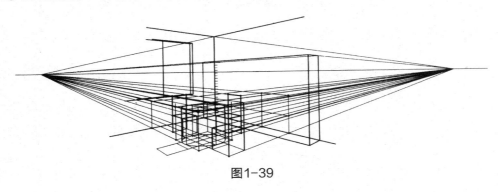

图1-39

④ 擦去辅助线即完成成角透视图，见图1-40。

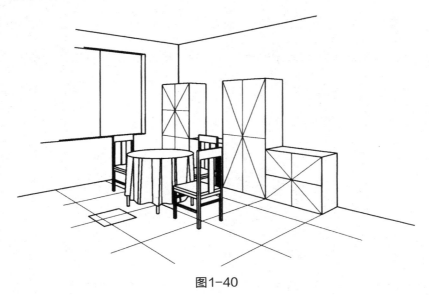

图1-40

（3）成角透视（两点透视）图中容易出现的透视错误

① 环境大部分在60度视域之外，透视畸形变形使物形扭曲，如图1-41。

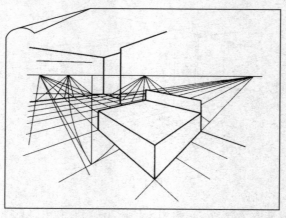

图1-41

② 墙体变线、地格变线无规则排列，造成环境扭曲，如图1-42。

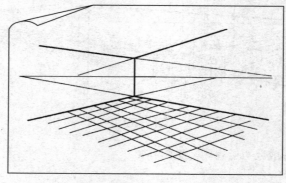

图1-42

③ 视点太近，环境大部分在60度视域之外，透视畸形变形使物形扭曲，如图1-43。

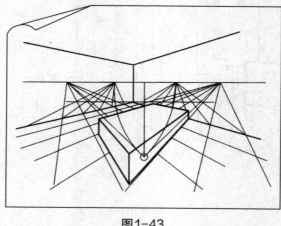

图1-43

④ 天点无规则确立，不统一，造成斜面扭曲，如图1-44。

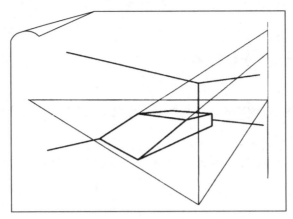

图1-44

⑤ 测高法错误，左侧墙面高了，人物过大，如图1-45。

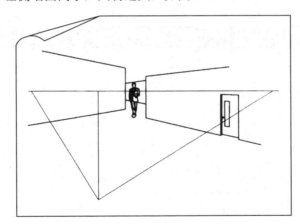

图1-45

⑥ 门洞的透视不对，人物也小了，如图1-46。

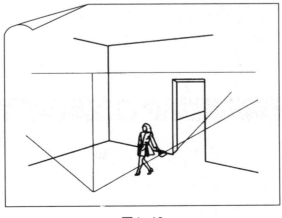

图1-46

2.任务实训：绘制书房的成角透视图

（1）项目目的

通过书房成角透视图的绘制练习，掌握成角透视图的绘制原则及步骤。

（2）项目任务

根据已给某书房的平面图及立面图（图1-47～图1-51），完成书房的成角透视图绘制。

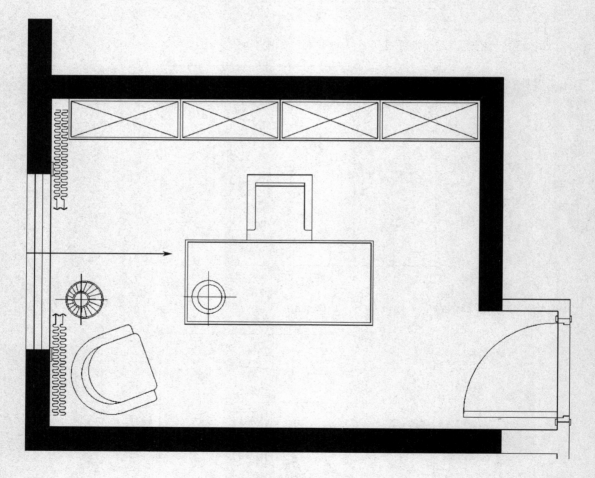

图1-47　书房平面图

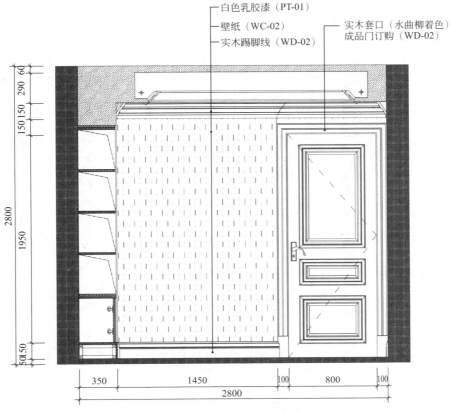

白色乳胶漆（PT-01）
壁纸（WC-02）
实木踢脚线（WD-02）

实木套口（水曲柳着色）
成品门订购（WD-02）

图1-48　书房A立面图

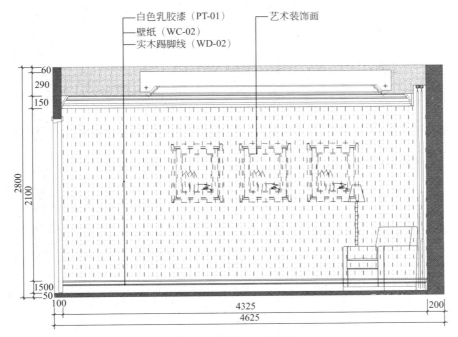

白色乳胶漆（PT-01）
壁纸（WC-02）
实木踢脚线（WD-02）

艺术装饰画

图1-49　书房B立面图

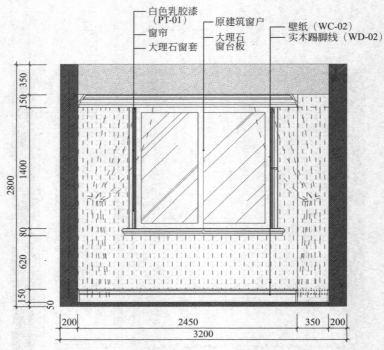

白色乳胶漆
（PT-01）
窗帘
大理石窗套
原建筑窗户
大理石
窗台板
壁纸（WC-02）
实木踢脚线（WD-02）

图1-50　书房C立面图

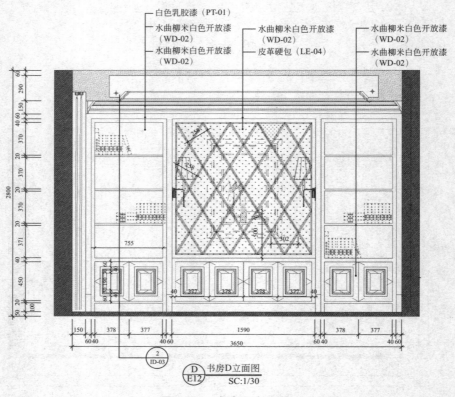

白色乳胶漆（PT-01）
水曲柳米白色开放漆
（WD-02）
水曲柳米白色开放漆
（WD-02）

水曲柳米白色开放漆
（WD-02）
皮革硬包（LE-04）

水曲柳米白色开放漆
（WD-02）
水曲柳米白色开放漆
（WD-02）

D　书房D立面图
E12　SC:1/30

图1-51　书房D立面图

（3）项目要求

① 透视正确，比例恰当；

② 制图规范、绘制工整；

③ 透视关系正确；

④ 综合表现技法运用熟练。

（4）项目所用工具材料

A_3 制图纸、铅笔、针管笔、圆规、丁字尺、直尺、三角板、橡皮、模板等。

项目二

钢笔速写、钢笔淡彩效果图表现

教学目标

① 了解钢笔速写、钢笔淡彩室内效果图实践与应用。

② 熟练掌握钢笔速写、钢笔淡彩室内效果图表现的语言、规律，最终掌握钢笔速写、钢笔淡彩效果图的实际技能。

**实训要求**

根据钢笔速写、钢笔淡彩工具的特点来绘制钢笔速写、钢笔淡彩室内设计效果图。

技能指导

钢笔速写表现技法、钢笔淡彩表现技法。

项目实训

临摹范图、反复练习，要求颜色干净整洁，达到效果图的标准。

一、项目综述

速写是一切造型艺术的基础训练中不可或缺的重要一环。由于钢笔笔尖的金属属性及锐度，因此钢笔速写主要突出其坚硬、爽朗、明确、流畅的线条特征，绘制的画面效果干净、清脆、响亮。

钢笔淡彩现在用马克笔与钢笔速写或钢笔画结合较多，有时也用水彩和钢笔画结合，画面效果淡雅，清新。

1.常见工具

（1）钢笔和墨水

钢笔速写、钢笔淡彩效果图对钢笔的要求不太高，有普通钢笔、签字笔、专用美工笔、圆珠笔、针管笔等。作画时一般选用质量较好的钢笔或水笔即可，墨水一般用黑色碳素墨汁。

（2）马克笔

马克笔有扁头和尖头，上色时一般用扁头较多。

（3）水彩笔

常用的水彩笔有扁头的水彩笔和毛笔。水彩笔的笔毛比较软，以羊毫为主，蓄水量大。所以具备这种特点的笔均可以用到钢笔淡彩效果图上。

（4）作特殊效果的工具

首先准备中号和小号的羊毛板刷各一只，方便大面积作画。其次准备蜡笔和油画棒，还有特制遮挡胶纸（多为进口）。利用这些工具不溶于水的特点，做一些特殊效果，比如表现肌理、高光的保留等。

（5）纸张

钢笔速写对纸张的要求不高，一般不同质地的纸张都可用来速写，只要质地比较紧，密度相对大些的均可。速写纸的一般要求是，不要有上过光蜡或纸面太过光滑。目前美术商店有售的速写专用本子，便于携带，也非常好用。

钢笔淡彩用的纸张要讲究一些，一般用素描纸或白卡纸。由于水彩纸纹理较粗，蓄水性强，不耐擦，作出的钢笔淡彩效果图不太精致，因此不用专业水彩纸。作练习时，也可以用具有一定吸水性、纹理较细的纸张代替。作画前需要裱纸，否则影响画面效果。

（6）水彩颜料

水彩颜料分国产的和进口的两种。进口的质量较好，价格昂贵；国产的以马丽牌颜料居多，价格适中。水彩颜料的特性是颗粒细腻而且十分透明，色彩浓度相对容易掌握，可以通过加水的多少来控制颜色的明度和纯度。

2.钢笔速写与钢笔淡彩工具的特性

（1）钢笔速写特性

钢笔速写，向以骨法用笔、刚柔秀美的线条造型及清晰明快的墨迹笔痕给人留下难忘的回味，带来美的艺术享受，又因墨水画线易保存不脱色的优点，深得人们的青睐。钢笔速写是一切成功室内设计师不可缺少的基本功之一。由于它所用工具简单，便于携带，绘制方便，有着其他画种无法媲美的便捷快速的表达特点，所以被设计师们广泛运用。特点如下：① 画面比较硬朗；② 画面调子简单；③ 画面黑白对比强烈；④ 画面粗细变化丰富，线条大胆流畅。

（2）钢笔淡彩特性

① 画面素描关系明确，色调明快，层次分明；

② 画面效果轻快、透明、滋润；

③ 画面色彩艳丽，画面效果醒目；

④ 画面结构清晰，适合表现变化丰富的空间环境。

3.钢笔速写与钢笔淡彩的表现技法

（1）钢笔速写的表现技法

钢笔速写表现中，常用线描的方法来表述空间的构想，并用线的粗细、强弱等变化来明确地表达对象的形体关系，或用细线与粗线对比加强空间变化来明确地表达对象的形体关系。

　　建筑速写：钢笔徒手画和速写能力是衡量室内设计人员水平高低的重要标准之一。建筑速写对训练设计师的观察能力，提高审美修养，保持创作激情和迅速、准确地表达构思是十分有益的。钢笔徒手画和速写能力是一名成功的设计师必须掌握的基本功之一（图2-1、图2-2）。

图2-1

图2-2

室内速写：了解钢笔画的特殊性质及其室内透视方面的特殊要求，是掌握室内速写方法的重点（图2-3、图2-4）。

图2-3

图2-4

　　钢笔速写是通过点、线及各种线的排列组合来表现和组合成不同的黑、白、灰块面，反映出所需要描绘对象的造型和由光线反射而形成的明暗关系，具有丰富的表现力。

　　点：分有规律的和没有规律的点，点可以表现细腻光滑的物体，或与线条穿插使用，以丰富画面效果。

　　线：线条是钢笔速写的灵魂，钢笔速写的线条种类繁多，竖线、曲线、粗线、细线、排线、线网等都有各自的特点和美（图2-5～图2-9）。

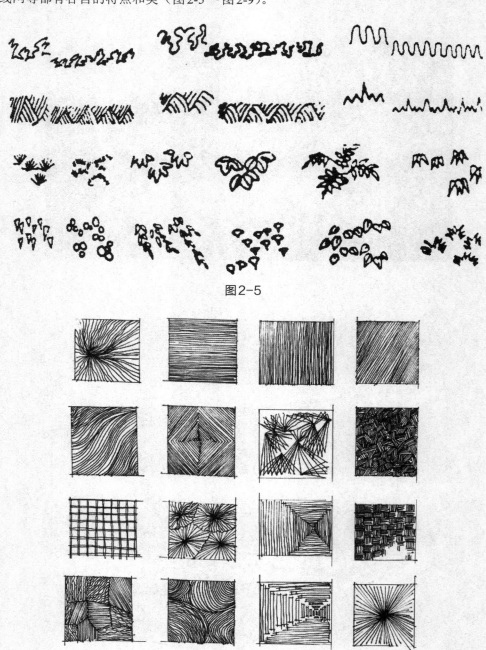

图2-5

图2-6

室内效果图快速表现

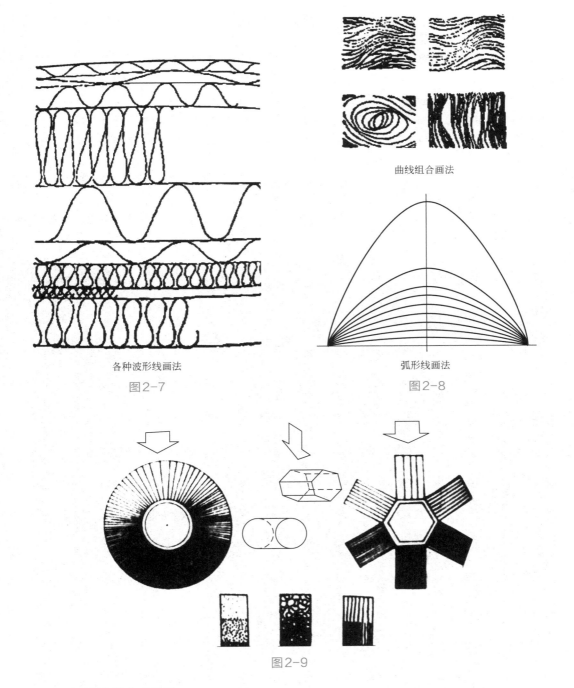

曲线组合画法

各种波形线画法

图2-7

弧形线画法

图2-8

图2-9

（2）钢笔淡彩表现技法

钢笔淡彩效果图是钢笔与马克笔或水彩的结合，它利用钢笔勾画出空间结构、物体轮廓，运用淡雅的颜色体现画面色彩关系的技法。因此学习钢笔速写表现技法和马克笔或水彩效果图表现技法是钢笔淡彩效果图快速表现的基础。

钢笔淡彩使用的材料有水彩颜料、马克笔、素描纸、白卡纸等。

用钢笔与水彩渲染表现的技法，主要有下面三种。

① 平涂法：一般用于表现受光均匀的平面、颜色较深的墙面、物体的暗面以及造型的基本色相晕染等。平涂时要把画板倾斜一定角度，以保证颜色均匀、画面整齐。表现方法一般是借助槽尺，用水把颜色调和均匀，大面积水平运笔，小面积垂直运笔，有秩序地涂抹，用笔准确、快捷，用力均匀，可得到均匀整洁的效果（图2-10）。

② 叠加法：将需要染色的部分，用同一浓淡的颜色平涂，颜色由浅至深，逐渐加重，分层次一遍一遍叠加完成。实际操作时要动作敏捷，下笔力求准确，以避免将底色搅起。水彩颜料的渗透力强，覆盖力弱，所以颜色叠加的次数不宜过多，混入颜色的种类也不能太复杂，防止画面变得污浊。

③ 退晕法：平涂后趁湿在下方加水，趁湿依次涂以不同的颜料，使之逐渐变浅或变深，颜色互相渗化，形成自然过渡，退晕的过程多用环形运笔。

如图2-10所示，此幅钢笔淡彩作品运用水彩和钢笔结合进行表现，采用平涂法，先平涂色彩，后用钢笔进行刻画。

图2-10 （王国振 作）

二、项目实战

1.钢笔速写实例

第一步：要有整体观念。此作品先从左画起，逐步向右深入。在画左边时，一定要兼顾右边的空间和内容，注意取舍和虚实的表现。线的表现要多一些变化，比如粗细、软硬、松紧等（如图2-11）。

图2-11 （张培 作）

第二步：逐步深入刻画。左边刻画到一定程度时，要兼顾右边的内容。构图要有层次和空间感（如图2-12）。

图2-12 （张培 作）

第三步：整体调整画面。要主次分明，重点突出。要重点刻画画面的台阶和石墙，并用植物进行衬托（如图2-13）。

图2-13 （张培 作）

2. 钢笔淡彩效果图表现

（1）效果图表现要点

① 注意明暗关系。钢笔淡彩的绘制要注意物体的轮廓和空间界面转折的明暗关系，用线要流畅、生动，讲究疏密变化。

② 适当留白。着色时留白尤为重要，不要画得太满。

③ 不宜反复上色。色彩应洗练，明快，不要反复上色，来回涂抹。

④ 笔触要简练。讲究笔触的应用，如摆、点、拖、扫等，以增强画面的表现效果；深色的地方要尽量一气呵成。

（2）作画步骤

钢笔淡彩效果图绘制一般先用钢笔勾形，可适当体现明暗，但不宜过多，最后辅以淡彩着色。

① 打轮廓。用铅笔画出空间的透视，线条要清晰，明快准确地表达效果图的结构。

② 刻画素描关系。用钢笔描画室内效果图的内容，并用线条清晰地刻画出空间的素描关系。

③ 铺大色调。用水彩或马克笔铺出效果图的大色调。水彩表现时，用含水量的多少来控制色彩的饱和度，即颜色的浓淡由水分的多少来决定。马克笔表现时，要有整体上色的概念，笔触的走向应该统一。

④ 结构刻画。待色彩干透时，对室内结构进行刻画。先计划好留白的地方，按照由浅入深、由薄到厚的方法上色，先虚后实，分层次一遍一遍叠加完成，塑造出画面的明暗关系。

⑤ 刻画细部。深入刻画的过程中，用钢笔再勾画室内物体的结构，刻画出室内物体的细部，使室内内容趋于完美。

⑥ 统一调整。最后统一调整，适当地调整色彩，使画面更加和谐、统一。

3.实例范稿

如图2-14所示，此两幅钢笔速写与实景进行对比，画面取舍得当，有繁有简，重点突出，有较强的空间感和层次感。

图2-14 （张培 作）

如图2-15所示，此幅钢笔速写线条流畅，画面轻松自如，造型和比例得当。

图2-15 （原鹏东 作）

如图2-16所示，此幅钢笔速写采用圆形构图，突出主题，运用明暗关系塑造建筑的结构。

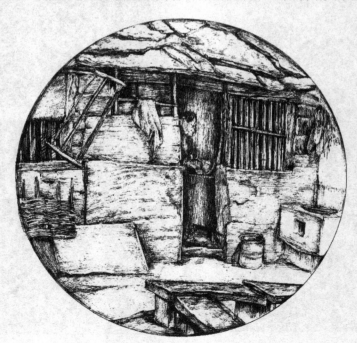

图2-16 （原鹏东 作）

如图2-17所示，此幅钢笔速写运用白描的手法，使画面主次清晰，重点突出。

图2-17 （耿庆雷 作）

如图2-18所示，此幅钢笔速写重点突出，抑扬顿挫，粗细兼施，深淡相济，疏密有致，虚实得当，体现了作者深厚的表现功底。

图2-18 （杨健 作）

如图2-19所示，此幅建筑手绘作品体现了钢笔速写的特色——快、线条流畅，简洁。

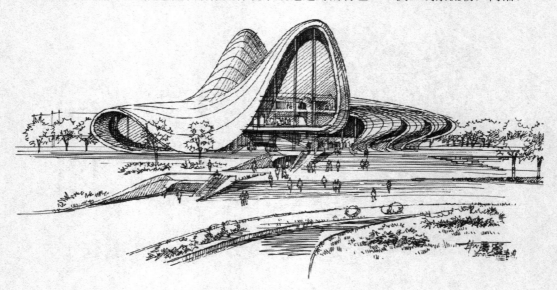

图2-19 （耿庆雷 作）

如图2-20所示，此幅学生钢笔速写作品虚实对比强烈，层次丰富，画面取得了响亮的效果。

图2-20 （刘靖杰 作）

如图2-21所示，此幅学生钢笔速写作品构图适当，层次丰富，造型刻画细腻。

图2-21（李佳欣 作）

如图2-22所示，此幅钢笔速写作品加强了素描关系的刻画，景物繁简取舍得当，使画面整体感较强。

图2-22（毛毛 作）

如图2-23所示，此幅学生钢笔淡彩作品，运用钢笔起稿，水彩上色，画面清新亮丽，取得了较好的效果。

图2-23 （李家乐 作）

　　如图2-24所示，此幅钢笔淡彩作品运用色彩的明度把握画面的素描关系和虚实关系，具有空间感。

图2-24 （夏克梁 作）

如图2-25所示，此幅钢笔淡彩作品运用钢笔的笔触快速地表现了水的倒影，体现了设计师娴熟的表现技法。

图2-25 （陈道文 作）

如图2-26所示，此幅钢笔淡彩作品运用钢笔刻画建筑造型，然后采用叠加法，颜色由浅至深，逐渐加重，分层次一遍一遍叠加完成。

图2-26 （王国振 作）

如图2-27所示，此幅作品运用退晕法：平涂后趁湿依次涂以不同的颜料，使之逐渐变浅或变深，颜色互相渗化，形成自然过渡。

图2-27 （王国振 作）

如图2-28所示，此幅线稿透视关系和空间层次处理得非常到位。

图2-28 （朱鸿伟 作）

如图2-29所示，此幅钢笔淡彩作品运用平涂法描绘室内结构，画面层次清晰，结构准确，很好地体现了水彩轻薄明快的特点。

图2-29（佚名 作）

如图2-30所示，此幅作品画面简洁、明快，准确地表现出了钢笔淡彩的晶莹、透明、畅快、准确、干净、快速的技法。

图2-30（佚名 作）

三、实战课题

（1）钢笔线条的练习

选用一个基本元素符号，结合构成的有关理论，完成4幅不同效果的钢笔线条图。

要求：① 干净整洁。

② 线条自然有序。

③ 线条疏密得当。

（2）水彩渲染技法练习

依次做平涂、退晕、叠加练习。

要求：① 笔触自然。

② 笔触干净利落。

③ 水彩渲染水分适宜。

（3）马克笔与钢笔结合技法表现

要求：① 整体自然和谐。

② 马克笔能与钢笔灵活结合运用。

③ 马克笔笔触干净利落。

项目三

水粉效果图表现

教学目标

① 了解水粉室内效果图实践与应用。

② 熟练掌握水粉室内效果图技法的语言、规律，最终熟练绘出水粉效果图。

实训要求

根据水粉工具的特点来绘制水粉室内设计效果图

技能指导

水粉效果图表现技法

实训项目

临摹范图、反复练习、要求颜色干净整洁，达到效果图的标准。

一、项目综述

1.表现工具与材料

（1）画笔

主要使用羊毫的扁形方头笔（水粉笔）、毛笔（狼毫、白云）、底纹笔等，并准备极细的画笔，如衣纹、叶筋都可备用于描绘极精细的纹样。

（2）纸张

素描纸、白卡纸、绘图纸等都可以使用。

（3）调色盒

市场上销售的塑料调色盒有分体和联体两种，联体调色盒的格子浅小，分体调色盒的格子较大。

（4）水粉颜料

水粉颜料以马丽牌颜料居多，价格适中。水粉颜料的特性是容易被水溶解，是一种覆盖力较强的、且有黏着性的不透明颜料。

（5）其他

调色盘、盛水器、界尺、绘图工具等。

2.水粉的特性及表现方法

水粉是以粉质原料为主，有较强的覆盖力，如果用足量的水来稀释也可以达到透明。

（1）平涂法（薄画法）

首先在裱好的图纸上起好稿子，然后把颜色调准确后一块块的填上去，从上到下或从左到右用力依次均匀平涂。颜色与颜色之间最好不要叠加，一遍画成。

（2）退晕法

先调出要退晕的色彩，以一色平涂逐渐加入另一种色，让色块自然过渡。

（3）笔触法

调出色彩，用弹性较好的笔画出具有方向性的笔触。

（4）叠加法（厚画法）

在平涂的基础上按照明暗光影的变化规律，重叠不同种类色彩的技法。

（5）底色法

涂底色尽量薄一点，颜色中不宜加白色，色彩浓淡由水的多少来调配，以保证铅笔稿不被覆盖。注意颜色的干、湿，厚、薄搭配使用，以利于画面层次的表现和虚实效果的表现。此种表现技法的画面效果统一，设计气氛完整，是一种简洁省时的画法。

图3-1是非常完美的写实作品，局部运用厚画法和薄画法使室内的整体表现得淋漓尽致，家具细节恰到好处，画面色调淡雅统一，整体感很强。

如图3-2所示，此图处理得十分精致，整体画面色调高雅，艺术感极强。

二、项目实战

1.水粉效果图表现

（1）表现要点

① 画面素描关系明确，线条要清晰，层次分明；

② 画面效果艳丽、厚重、丰富；

③ 局部细致，内容真实；

④ 画面结构清晰，笔触明确。

（2）作画步骤

① 起稿。拷贝和裱纸时不要损伤画面，铅笔线条要清晰可见，准确地表现室内的空间效果及陈设装饰。起稿时应注意对室内物体的轮廓线的表现。尽量少用橡皮，以免影响着色效果。

② 上底色。在上色时应先用中号的板刷刷出画面的基本色调，这种底色一般是画面的中间色调，我们可以借助底色加重或提亮物体，最后用小号水粉笔塑造纹理的变化。

图 3-1   图 3-2

③ 上固有色。从上到下，先整体后局部的原则作画，控制画面的整体色调。先处理画面顶棚天花，通过笔触和颜色的渐变表现出顶棚的空间感，同时借助槽尺来勾画室内的轮廓。接下来依次处理墙面的装饰和室内空间的家具，运用水粉颜料塑造能力强的特点来表现家具的形态变化和材质特点。

④ 点出高光和反光。画面要有透气感、不沉闷，大面积宜薄画，局部细节可厚涂。室内地面的表现就要采用薄画法来绘制，先画出中间色，待颜色干后用比较亮的颜色画出地板受光面积的反光。

⑤ 刻画细部。最后要根据光照的方向统一调整画面受光面，加强光影变化的一致性，同时对画面的细节进行精致刻画。室内受光面与背光面之间的大关系要把握好，下笔后不要来回重复涂刷，大的退晕效果一至二遍即表达出来，会使画面清新活泼。背光部不宜画"死"，突出明暗交界线，同时注意反光效果。

⑥ 统一调整。进入最后调整阶段，细部刻画，提亮局部，调整画面整体效果。

　2.实例范稿

如图 3-3 所示，画面金黄色的色调，营造了温馨的气氛。织物运用厚薄相结合的画法，生动地表现了物品的质感，对室内氛围起到了很好的衬托的作用。

如图 3-4 所示，画面充分利用水粉的特点，灵活运用笔触，生动地营造空间氛围。画面中建筑结构处理的精细，使画面显得生动而不凌乱。

如图 3-5 所示，建筑外立面刻画精细，建筑主体与周围关系处理得当，很好地表现出建筑的结构变化，衬托出了建筑的中心位置。画面采用水粉的薄画法处理天空效果，天空的大笔触变化和建筑的细节刻画形成鲜明的对比，使画面整体感强而又富有变化。

图3-3 （王濛 作）

图3-4 （张玉良 作）

室内效果图快速表现

图3-5 （佚名 作）

如图3-6所示，此幅画面运用水粉细腻而写实手法来表现室内空间氛围，十分成功，画面精彩之处在于运用光影变化，把整个画面很好地统一在光的照射下，显得十分和谐。

图3-6 （王捷 作）

如图3-7所示，此幅画面运用橘黄色表现室内空间温馨氛围，运用光影变化表现木地板质感，显得空间豪华大方。

图3-7 （崔杰 作）

三、实战课题

　　以水粉表现技法绘制一幅室内设计效果图。

项目四

彩铅效果图表现

 教学目标

① 了解彩铅的基本属性。

② 熟练掌握彩铅上色技巧。

③ 熟练掌握彩铅上色程序。

 实训要求

能完整使用彩铅完成室内设计效果图。

 技能指导

彩铅上色在实际绘制中的灵活应用。

 实训项目

客厅与主卧的手绘效果图绘制。

一、项目综述

在很多教材及传统授课当中彩铅技法的比重很少，甚至没有。但是彩铅这一工具使用起来确实比较方便，并且比较容易掌握，现在在行业内比较流行，所以这里把彩铅技法单独作为一个项目进行训练，以项目为载体，通过讲授和演示的方法进行彩铅技法训练。

彩色铅笔之所以备受设计师的喜爱，主要因为它有方便、简单、易掌握的特点，运用范围广，效果好，是目前较为流行的快速技法之一。尤其在我们这种快速表现中，用简单的几种颜色和轻松、洒脱的线条即可说明室内设计中的用色、氛围及用材。同时，由于彩色铅笔的色彩种类较多，可表现多种颜色和线条，能增强画面的层次和空间。用彩色铅笔在表现一些特殊肌理，如灯光、倒影和木材肌理时，有独特的效果，在现代设计中彩铅常与马克笔配合使用来塑造一定的空间效果。

1.表现工具与材料

彩色铅笔分为两种，一种是水溶性彩色铅笔（可溶于水），另一种是不溶性彩色铅笔（不能溶于水）。不溶性彩色铅笔可分为干性和油性，我们一般市面上买的大部分都是不溶性彩色铅笔。

不溶性彩色铅笔价格便宜，使用方便，技法易于掌握，绘制速度快，空间关系表现丰富，有着半透明的特征，可通过颜色的叠加，呈现不同的画面效果.是一种较具表现力的绘图工具。如图4-1、图4-2所示。

图4-1

图4-2

2.彩铅的特性及表现方法

（1）特性

彩色铅笔的笔芯是由含色素的染料固定成笔芯形状的蜡质接着剂（媒介物）做成，媒介物含量越多笔芯就越硬。制图时用硬质彩色铅笔，笔芯即使削长、削尖也不易断；软质铅笔如果削得太长则有断芯的危险。淡色的笔芯较硬，深色或鲜艳色的较软，这是因为笔中媒介物含量的关系，水溶性的彩色铅笔沾水便可像水彩一样溶开；粉蜡笔因含媒介物量少，描绘出来的图会粉粉的，画完后以手指摩擦还会擦掉画上的粉，不过却最适于晕染的画法。

（2）技法特点

常见的彩铅技法有以下几种。

① 平涂排线法。运用彩色铅笔均匀排列出铅笔线条，达到色彩一致的效果，如图4-3。

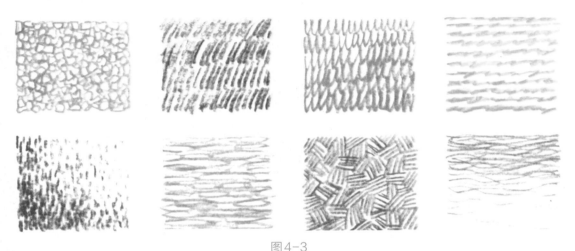

图4-3

② 叠彩法。运用彩色铅笔排列出不同色彩的铅笔线条，色彩可重叠使用，变化较丰富，如图4-4。

图4-4

③ 水溶退晕法。利用水溶性彩铅溶于水的特点，将彩铅线条与水融合，达到退晕的效果，如图4-5。

图4-5

二、项目实战

1.彩铅效果图表现

（1）彩铅上色要点

① 着色上，因为是半透明材料所以应该按先浅色后深色的顺序，不可急进，否则画面容易深色上翻，缺乏深度。

② 在绘制图纸时，可根据实际的情况，改变彩铅的力度以使它的色彩明度和纯度发生变化，带出一些渐变的效果，形成多层次的表现。

③ 由于彩色铅笔有可覆盖性，所以在控制色调时，可用单色（冷色调一般用蓝色，暖色调一般用黄色）先笼统的罩一遍，然后逐层上色后向细致刻画。

④ 选用纸张也会影响画面的风格，在较粗糙的纸张上用彩铅会有一种粗犷豪爽的感觉，而用细滑的纸会产生一种细腻柔和之美。

⑤ 彩色铅笔不宜大面积单色使用，否则画面会显得呆板、平淡。

⑥ 在实际绘制过程中，彩色铅笔往往与其他工具配合使用，如与钢笔线条结合，利用钢笔线条勾画空间轮廓、物体轮廓，运用彩色铅笔着色；与马克笔结合，运用马克笔铺设画面大色调，再用彩铅叠彩法深入刻画；与水彩结合，体现色彩退晕效果等。

（2）作画步骤

① 绘制底稿。注意透视变化及前后遮挡，如有前后遮挡要注意留白，透视把握和构图是

最基础、很关键的一步，一定要用心。构图视平线不宜过高，否则地面占据画面的区域太大，一般来说设计的重点或者说精彩的部分不在地面，如图4-6。

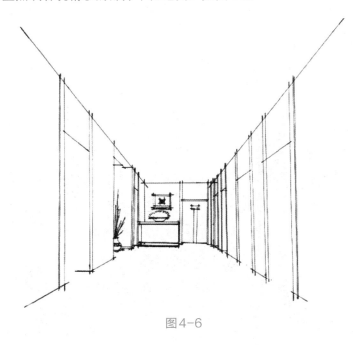

图4-6

② 完善设计细节及空间配景，配景不宜刻画过于精细，既浪费时间又影响画面要表达的设计中心，逐步出来一些暗部色彩，如图4-7。

图4-7

③ 把握好整体色调，调整细节部分，加入一些鲜艳色块，一般出现在小装饰物上，为画面增添色彩感，同时也起到点睛的作用，如图4-8。

图4-8

2.实例范稿

以彩铅为主要表现工具，进行效果图临摹，以充分表现空间层次，画面干净整洁，色调统一协调，表现力完整。范例如图4-9～图4-13。

图4-9（尤长军 作）

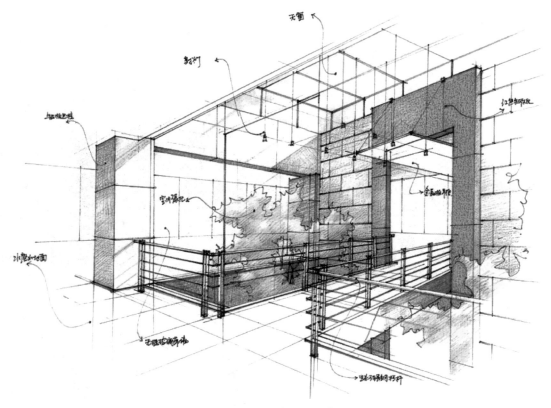

图4-10（佚名 作）

图4-11（佚名 作）

图4-12 （佚名 作）

图4-13

三、实战课题

（1）彩铅的排线练习

（2）以彩铅手绘的方式快速绘制一幅室内设计效果图

① 注意表现手法的创新

② 要求构图合理，色彩和谐

项目五

马克笔效果图表现技法

教学目标

① 了解马克笔的特性和上色方法。
② 熟练掌握马克笔上色技巧，能表现出不同的质感。
③ 能利用马克笔快速绘制室内效果图。

实训要求

注意马克笔的上色技巧。

技能指导

马克笔的表现技法、上色技巧及其在不同绘制阶段的灵活应用。

实训项目

完成三个任务的绘制。

一、项目综述

马克笔作为一种常用的手绘表现工具，深受设计人员的喜爱。它因其携带方便，可以随时随地表达与记录设计师的构思与概念，成为现在室内手绘效果图最为常用的表现技法。

1.表现工具与材料

马克笔分为油性墨水马克笔和水性墨水马克笔两类。油性马克笔色彩丰富齐全、淡雅细腻、柔和含蓄，颜色可叠加，比较常用。水性马克笔色彩艳丽、笔触浓郁、透明性极强。

图5-1

马克笔用纸考究，不同质地的纸决定了不同的绘画效果，常用马克笔专用纸或是彩色喷墨打印纸。

马克笔在使用时用笔比较奔放、随意，画面效果十分洒脱，有色彩明度，可以形成较大的反差，产生对比明快的效果。

通过马克笔技法可以快捷而简单地表现出设计的效果，马克笔表现技法是在钢笔线条技法的基础上，进一步研究线条与色彩之间处理的规律问题。

在马克笔的两端各有一个笔头，一端是较宽的笔头，适合于画粗线或者面，另一端是较细的笔头，笔尖可以画细线，斜画可画粗线，类似美工笔用法。通过两种笔头的结合，画出线、面结合，可达到理想的绘画效果，如图5-1、图5-2。

图5-2

2.马克笔的特性及表现方法

（1）特性

快速运笔能画出整齐利落的笔触和色块，运笔较慢或稍作停留，颜色在较吸水的纸上会渗开一片；用笔的力度大小也能产生不同的明度效果，在练习中需用心体会，多加练习，不断积累经验。

（2）技法特点

①笔触的变化多样；

②颜色可以重复叠加；

③ 有满意色彩，可记下马克笔的型号，以备下次使用。

（3）基础技法

① 并置法：运用马克笔并列排出线条，如图5-3。

图5-3

② 重叠法：运用马克笔组合同类色色彩，排出线条，如图5-4。

图5-4

③ 叠彩法：运用马克笔组合不同的色彩，达到色彩变化，排出线条，如图5-5。

图5-5

二、项目实战

1.马克笔绘制应注意的问题

① 马克笔色彩比较透明，通过笔触的叠加或者彩铅的配合使用而形成丰富的色彩变化，

但是不宜使用过多重叠的色彩，否则会使整个画面产生"脏"、"灰"的缺点。

② 上色的顺序要先浅后深，用笔流畅大气，笔触明显，力求简洁，不宜过于在意小细节的调整。

③ 适当的留白，可以使笔触具有一定的透气性。

④ 注重用笔的主次顺序，以主要的色彩关系处理为主，切忌用笔琐碎、凌乱。

2. 单体的表现与实训

（1）木材　未刨光的原木，反光性较差，多纹理；刨光的木材，反光性较强，固有色较多，有倒影。绘画难点：物体固有色的描绘；倒影的编排。

（2）织布　布艺为漫反射物体，光影变化微妙。单色布艺：注意因形体转折而产生的光影变化。有花纹的织布：如地毯，带花纹的沙发。

（3）金属　反光性强，明暗对比强烈，有一定的倒影效果，并且材质坚硬。绘画难点：强烈明暗对比调子的刻画。

（4）石材　未刨光的自然石材，特点为漫反射，无倒影。刨光的理石等石材，具有一定的花纹，反光性强。绘画难点：未刨光的自然石材，难点在于处理成片石的场景，易出现"碎"的效果，绘画时注意近实远虚的关系。刨光的理石等石材，注意花纹的刻画和倒影位置排列。

（5）玻璃、镜子　玻璃与镜子同属于反光性强、质感较硬的物质。注意区分玻璃与镜子的关键在于是反射周围景物，还是映射里侧场景。

（6）植物　植物是蓬勃、有生命的，并且姿态千变万化，刻画时注意把握植物"生机勃勃"这一特点，避免"碎"、"杂"的效果。室内常用的植物分为两类：大棵的，放置在客厅的花草。小棵的，放置在桌面上的花卉。难度分析：植物上色笔法有很多，如"挑"、"扫"、"点"等，要充分利用马克笔的特点，转动笔尖，刻画出不同的枝叶效果。

范例如图5-6～图5-10。

图5-6（尤长军 作）

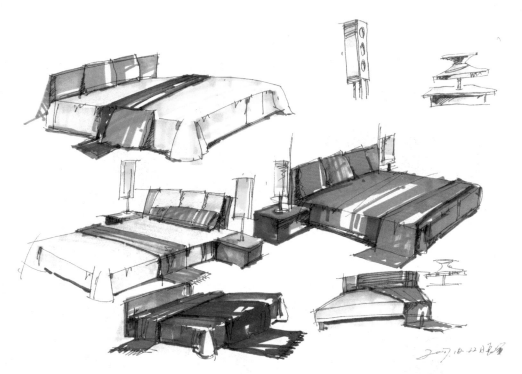

图5-7 （尤长军 作）

图5-8 （尤长军 作）

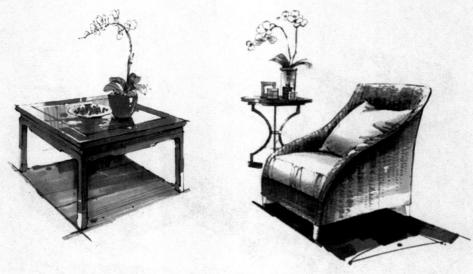

图5-9 （佚名 作）

图5-10 （佚名 作）

3.成组物体上色实训

单独物体的材质刻画不需要考虑太多的环境因素，刻画起来相对容易。但是成组物体则讲究物体的比例、材质对比、光影关系等众多因素，相对难度较大。在学习时应注意体会成组物体上色的空间处理细节。

（1）刻画成组物体的要点

① 光影。拥有共同的光源，因此有一致的明暗关系，并且相邻物体彼此之间都会有一定的阴影，而这些阴影本身就是表现空间的重要因素，它可以表示物体的前后关系。

② 光源。成组物体刻画时，不可处理得过于雷同，应根据物体离光源的远近来确定物体的虚实，或是笔触的排列。

（2）成组物体的绘制

上色时应先铺垫物体的主色调，然后再刻画其它颜色。着色要点要把握正确，先上暗部的颜色，然后再根据画面效果向明暗两面补。着色要和画线稿一样，应从大局着手，不可只盯局部描绘而破坏整体效果。

范例如图5-11～图5-15。

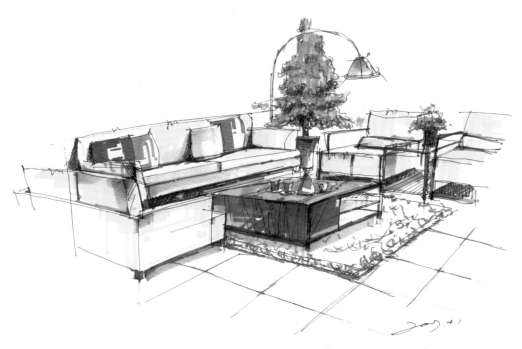

图5-11（尤长军 作）

图5-12（尤长军 作）

图5-13（尤长军 作）

图5-14（佚名 作）

图5-15（尤长军 作）

4.空间上色步骤与实训

空间上色的训练要熟练掌握空间上色步骤和空间的处理技巧，并注意体会马克笔运笔的节奏和方向，把握环境因素的影响，空间透视准确，比例正确。下面以两个范例来具体阐释操作步骤。

步骤一：勾勒线稿，注意空间和陈设的透视，线条要有虚实变化，表现出基本明暗关系，如图5-16。

图5-16 （刘东雷 作）

步骤二：进入上色阶段。注意画面的基本色调，拉出黑、白、灰关系。注意空间感的表现与虚实关系，如图5-17。

图5-17 （刘东雷 作）

步骤三：区分空间界面关系，控制画面整体色调。对于房屋空间内的近景部分重点表现，注意体积感和明暗关系，如图5-18。

图5-18（刘东雷 作）

步骤四：细化地面、装饰物配景等物体。对画面作最后的调整，如图5-19。

图5-19（刘东雷 作）

第一步：绘制方案线稿。客厅内容较多，绘制线稿时要主次分明，不要面面俱到，透视要准确，构图要完整，内容要丰富，如图5-20。

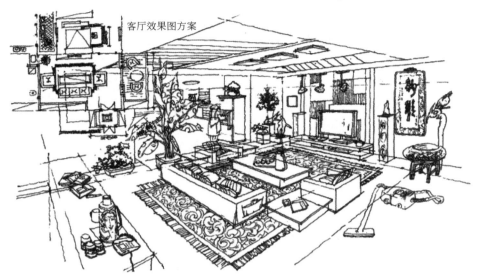

图5-20 （马克辛 作）

第二步：色彩表现。色彩由浅入深，逐层表现。马克笔的笔触方向要根据家具的结构来表现。表现材质时，注意整体色调和家具固有色的关系，要既对比又统一，如图5-21。

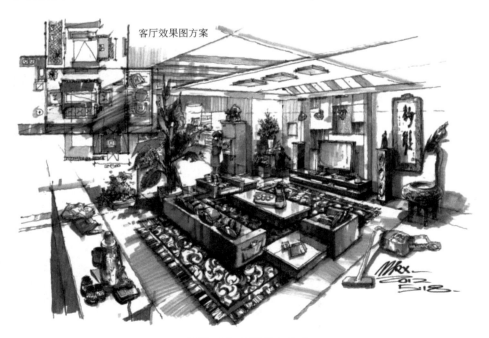

图5-21 （马克辛 作）

三、实战课题

（1）马克笔笔触造型练习

（2）单个物体的表现（家具或景观）

（3）以马克笔手绘的方式快速绘制一幅室内设计效果图

① 注意表现手法的创新

② 要求图纸构图完整，透视准确，色彩和谐

项目六

室内效果图快速表现实战

06
Chapter

教学目标

1. 掌握室内效果图在实践中的应用。
2. 熟练掌握室内效果图快速表现应用的重要法则。

作业要求

根据实践项目快速绘制室内设计效果图。

技能指导

室内效果图快速表现在实践中的应用。

实训项目

快速表现、要求达到社会实际应用的效果。

室内效果表现图具有的直观性、真实性、艺术性，使其在设计表达上享有独特的地位和价值，这一点已被我国近年来室内设计艺术领域的飞速发展所证明，它作为表达和叙述设计意图的工具，是专业人员与非专业人员沟通的桥梁。在商业领域里，借助效果图向建筑单位、业主和用户直接推荐和介绍设计意图，参与工程招标等，其优劣直接关系竞争的成败。

一、项目实战的重要法则

要学好室内效果表现图表现，并能在实践中灵活运用，必须遵守以下法则。

1. "快速"和"感染力"是学习的重点

室内设计师接单过程中，第一次接待客户时，设计师往往需要在很短的时间内取得客户的信任。因此，设计师能否"快速"地表现出客户的装修想法和自己的方案设计意图，以及是否表现得有"感染力"就显得非常重要。

这就需要室内设计师在动笔时要能很好地跟客户沟通，充分地了解家装客户的真实需求；在此基础上，认真研究客户新居的空间格局和空间尺度，发现并找出问题，迅速提出解决问题的初步意见和解决方法，并归纳整理出具有一定建设性和艺术风格特点的设计构想和设计意图；然后，再选择快速手绘的艺术形式表现出来。

2. 处理好艺术性与科学性、真实性的关系

除了要表达好设计意图，室内设计师还要注意处理好室内快速表现在艺术性方面与科学性、真实性的关系。快速室内表现不是普通的绘画作品，它是设计师表达设计构思和设计意图的工具，因此，设计师在作画时不必像普通绘画作品那样追求形式的完整，只要能达到室内设计师的表达目的就可以了。在表达的内容上，该突出的突出，该概括的概括；在表达的形式上也可以不拘一格，平面图、立面图、透视图，都是可以采用的形式；在使用的工具和材料上，只要能达到快速、简便、有效的表现目的，什么都可以用。

总之，室内设计师在运用快速手绘接单时，无论采取怎样的手段表达，有一点是要注意的，那就是一定要能充分而有力地反映出室内设计师的方案设计意图。

快速手绘表现既要能充分反映出室内设计方案在施工技术和材料工艺上的真实性和科学性，又要反映出家装设计方案的艺术性和感染力。也就是说，快速手绘除了能充分说明设计师的方案设计构想，同时还要具有一定的艺术感染力。

比如，快速手绘效果图的透视运用。室内设计师要在做好设计和完成平、立面等二维图的基础上，科学地运用透视原理，将室内三维的视觉效果准确真实地表现出来。因此，严谨的透视运用是我们在快速手绘表现中最基本的保证，一幅透视关系错误的画面是很难有艺术感染力的。对于初学者来说，绘制快速手绘效果图时，常见的毛病是要么过于拘泥于透视，缩手缩脚；要么就是不重视透视，过于随意。

再比如，快速手绘效果图的画面构图效果。在画面构图中，我们要讲究均衡、对比和统一，要保持画面良好的主从关系，重点要突出，画面中心要明确，从整体上把握好构图关系。对于初学者来说，画面重点不突出，没有主次也是常见的毛病。

二、项目实战

1. 快速室内效果图表现实例一（组合陈设）

步骤一：用针管笔或签字笔勾勒线稿。如果感觉徒手勾勒难度较大，可以先用铅笔起稿，再用针管笔或签字笔复勾。要求透视准确，陈设形体、尺度得当。线条运用生动，表现出陈设的暗部关系，如图6-1。

步骤二：用灰色和深色马克笔表现出陈设暗部、阴影，注意阴影的颜色不可过深，为进一步的细化和加色留有余地，如图6-2。

步骤三：表现出陈设的基本色相，注意明暗关系、体积关系，将明部与暗部区分开。尤其是在受光部分的表现上，注意留白与马克笔的笔触，块面与线条相结合，如图6-3。

图6-1 （赵若丹 作）

图6-2 （赵若丹 作）

图6-3 （赵若丹 作）

步骤四：调整细节部分，把握好整体色调，加入一些鲜艳色块，一般出现在小装饰物上，为画面增添色彩感，同时也起到点睛的作用，如图6-4。

图6-4 （赵若丹 作）

2.快速室内效果图表现实例二（客厅）

步骤一：使用铅笔和签字笔进行构图，确定整体透视关系，注意室内陈设和配景的透视及比例关系，如图6-5。

图6-5 （田宝川 作）

步骤二：用签字笔或针管笔勾出线稿，注意画面黑、白、灰关系。之后进入上色阶段，上色时注意由浅入深，考虑画面整体色调。用中性灰色马克笔画出明暗关系，如图6-6。

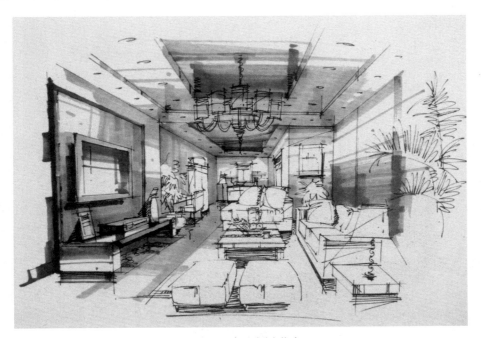

图6-6 （田宝川 作）

步骤三：用不同明度、纯度的马克笔逐步上色。拉开画面的明暗、色彩关系，增强空间感，根据对象的固有色、材质等，表现物体的中间色及暗部。之后采用低明度的色彩再次表现物体暗部，尤其是注意物体的形体转折、材质、光影等几个方面，如图6-7。

图6-7（田宝川 作）

步骤四：对画面进行最终调整，注意主体突出，对细节进一步刻画。拉开虚实关系，适当加入冷暖对比，如图6-8。

图6-8（田宝川 作）

3.快速室内效果图表现实例三（主卧室）

步骤一：勾勒线稿，注意空间和陈设的透视，线条要有虚实变化，表现出基本明暗关系，如图6-9。

图6-9（甘亮 作）

步骤二：进入上色阶段。注意画面的基本色调，拉出黑、白、灰关系。注意空间感的表现与虚实关系，如图6-10。

图6-10（甘亮 作）

步骤三：细化地面、装饰物配景等物体。对画面作最后的调整，如图6-11。

图6-11 （甘亮 作）

4.快速室内效果图表现实例四（浴室设计）

步骤一：用钢笔绘制线稿。整个线稿透视要准确，可以用直线条对倒影做适当的表现，排线必须整体，虚实相生，如图6-12。

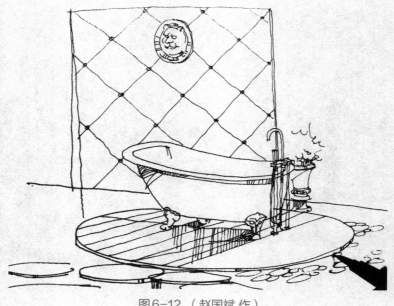

图6-12 （赵国斌 作）

步骤二：用彩铅先概括性地绘出物体本身的固有色以及环境色，然后对明暗关系进行简单刻画。彩铅用笔切忌平涂，如图6-13。

图6-13 （赵国斌 作）

步骤三：用马克笔做进一步表现，最终用彩铅对细处做补充处理。马克笔用笔速度要快，干净整齐，有力度，如图6-14。

图6-14 （赵国斌 作）

5.实例范稿

如图6-15所示，线稿线条活泼，对室内空间的造型进行了认真的刻画。

图6-15 （佚名 作）

如图6-16所示，线稿透视严谨，主次分明，虚实得当，色调清新。

图6-16 （刘晓东 作）

如图6-17所示，线稿运用一点透视，表现的画面空间感和层次感较强。

图6-17 （韦自力 作）

如图6-18所示，效果图运用深色和浅色进行对比，使画面取得了响亮的效果。

图6-18 （陈红卫 作）

如图6-19所示，成组家具刻画的笔触生动流畅，光感和质感表现效果强烈。

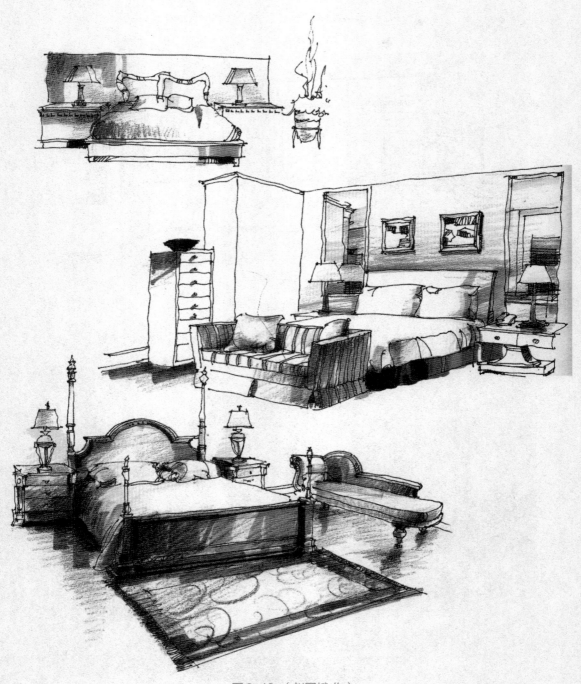

图6-19（赵国斌 作）

如图6-20所示，线条生动，富有变化，色彩概括、重点突出，虚实得当，马克笔和彩铅综合表现技法娴熟。

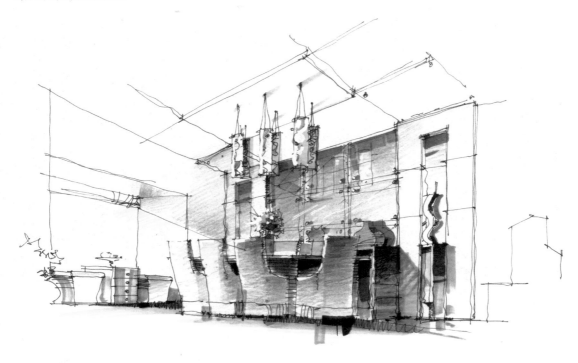

图6-20 （杨健 作）

如图6-21所示，线条流畅，简洁明快，虚实得当、彩铅和马克笔结合的非常到位。

图6-21 （杜健 作）

如图6-22所示，此幅室内客厅手绘作品，钢笔起稿后，马克笔表现，画面轻松，有较好的艺术感。

图6-22 （薛金园 作）

如图6-23所示，此幅学生的室内客厅手绘作品，钢笔表现充分，马克笔上色轻松，画面淡雅清新。

图6-23 （周焕焕 作）

如图6-24所示，作者运用马克笔表现室内造型的质感，运用彩色铅笔表现室内造型的过渡，画面整体轻松自然。

图6-24 （辛冬根 作）

如图6-25所示，作者运用马克笔轻松概括得笔触和疏密得当的彩色铅笔线条，使画面简洁明快。

图6-25 （杨健 作）

三、实战课题

　　本课程的设计课题训练有酒店室内设计和家装室内设计两项，学生可自选其中任意一项来完成，由任课教师根据所在地区情况及现有条件拟定课题任务书。

　　（1）酒店室内设计

　　由教师提供酒店原始平面图和相关信息，学生需完成手绘设计表现图3张。

　　（2）家装室内设计

　　由学生收集家装室内原始平面图和相关信息，完成手绘设计表现图3张。

项目七
实战案例赏析

　　一般来说，手绘效果图快速表现的学习过程脱离不了学习参考案例典范，本项目精选大量优秀设计师现场实战案例，供大家借鉴。在学习时要多读、多看、多揣摩，通过"读"去感受原画的特点，做到领悟于心，从而提高眼力。

　　另外要注意的是在学习的过程中，不能看一笔画一笔，要在领悟案例整体构思的基础上一气呵成，这样才能把握好空间的整体性和紧凑性。

　　如图7-1所示，此幅室内手绘快速表现作品简洁、明快。马克笔上色笔触干净、利落，色彩清新淡雅，具有强烈的光影效果。

主卧卫生间方案透视图

图7-1（潘俊杰 作）

如图7-2所示，此幅室内卧室快速表现作品，综合运用彩铅和马克笔，进行室内空间的刻画，巧妙地进行留白，使画面色彩亮丽，对比鲜明。

图7-2（潘俊杰 陈红卫 作）

如图7-3所示，此幅室内设计表现作品，马克笔技法娴熟，笔触简练，详略得当。

京福大酒店·2F1#包房-2

图7-3（潘俊杰 作）

如图7-4所示，这张手绘设计作品，素描关系很好，透视准确，空间层次丰富，虚实得当，物体的光感和质感表现恰到好处。

图7-4 （陈杰 作）

如图7-5所示，此幅手绘设计作品，运用马克笔和彩铅综合技法进行快速表现，内容和结构表达准确，画面色彩既对比又协调。

图7-5 （陈杰 作）

如图7-6所示，此幅作品空间层次丰富，线稿表现充分，结构表现准确清晰，色彩运用地毯的红色与家具的蓝色进行对比，使空间色彩跳跃起来。

复式客厅方案

图7-6 （陈红卫 作）

如图7-7所示，此幅作品素描关系很好，透视准确，上色时运用留白表现家具的高光和光影效果，使画面色彩统一，质感强烈。

图7-7 （陈红卫 作）

如图7-8所示，此幅作品是彩色铅笔与马克笔相结合进行表现，运用素描的手法表现物体的质感和结构，使画面淡雅和温馨。

图7-8（梁志天 作）

如图7-9所示，此幅作品是彩色铅笔与马克笔相结合进行表现，色彩统一，结构清晰准确，画面显得豪华大气。

图7-9（梁志天 作）

如图7-10所示，此幅作品以彩色铅笔表现为主，马克笔表现为辅，物体结构严谨，画面色彩统一，空间有较强的光影效果。

图7-10（梁志天 作）

如图7-11所示，此幅室内设计效果图作品明暗对比强烈，色彩清凉明快，空间感较强，寥寥数笔就把客厅和餐厅表达得淋漓尽致。

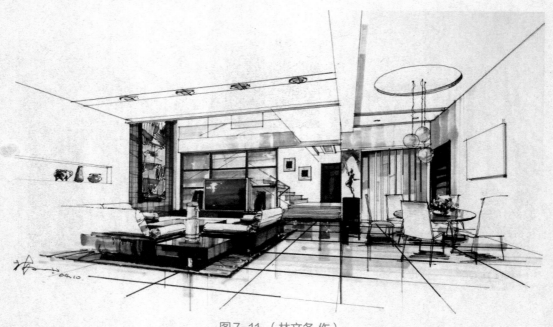

图7-11 （林文冬 作）

如图7-12所示，此幅室内设计作品内容表现充分，素描关系较强，色彩清新明亮，家具和造型的质感强烈。绘制时注意玻璃和地面、地毯、家具的上色技法，用笔需干脆利落。

图7-12 （林文冬 作）

如图7-13所示，此幅作品素描关系较强，空间层次丰富，虚实得当，色彩着墨不多，但表现效果充分，有较强的空间感和光感。

图7-13 （林文冬 作）

如图7-14所示，此幅彩色铅笔表现作品，笔法细腻，造型工整，色调和谐统一，空间层次丰富，虚实得当。

图7-14 （周彤 作）

　　如图7-15所示，此幅彩色铅笔表现作品，造型准确细腻，结构表现清晰，运用蓝色活跃了整个画面。

图7-15 （周彤 作）

如图7-16所示，此幅室内手绘快速表现作品构图合理，透视准确，造型严谨，用笔流畅。画面用笔不多，但表现内容却十分丰富。

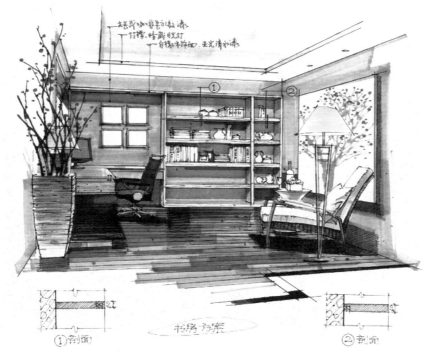

图7-16 （佚名 作）

如图7-17所示，此幅室内手绘快速表现作品笔法大胆，主次分明，虚实得当。寥寥数笔，就把主题内容表现得很充分，体现了快速表现的简洁、快速、准确、清晰的特点。

图7-17 （佚名 作）

如图7-18所示，此幅彩色铅笔表现作品，构图新颖，空间层次丰富，内容表现充分，画面显得豪华大气。

图7-18 （佚名 作）

如图7-19所示，此幅作品，运用一点透视构图，使会议室结构严谨，作者用笔简洁，巧妙运用留白表现物体的结构和光影。

图7-19 （佚名 作）

如图7-20所示，此幅室内设计手绘作品，运用两点透视构图，使画面内容丰富，结构清晰，色彩和谐，体现了新中式风格的严谨大方。

图7-20 （仲夏 沙沛 作）

如图7-21所示，此幅室内设计手绘作品，认真刻画了低矮的家具造型，运用沙发垫和花卉的亮活跃了整个画面，体现了舒适性和人性化。

图7-21 （沙沛 作）

如图7-22所示，此幅室内设计手绘作品，虚实得当，色彩和谐，中式家具与现代家具相结合，体现了新中式的风格特点。

图7-22（沙沛 作）

如图7-23所示，此幅室内手绘快速表现作品，线条自由，笔法灵活，色彩和谐统一。

图7-23（杨健 作）

如图7-24所示，此幅室内手绘快速表现作品，运用两点透视来表现卧室，造型准确，色彩明快，笔法灵活，笔触干练、潇洒，体现了作者娴熟的表现技法功底。

图7-24 （杨健 作）

如图7-25所示，此幅作品运用一点透视来表现卧室，结构严谨，造型准确，马克笔用色简洁。

图7-25 （周成平 作）

如图7-26所示，此幅作品运用彩铅和马克笔综合技法来表现卧室，结构准确，色彩表现灵活，画面显得豪华大气。

图7-26 （周成平 作）

参 考 文 献

[1] 赵国斌，现代室内设计手绘效果图.沈阳：辽宁美术出版社，2007.

[2] 俞雄伟，室内效果图快速表现.杭州：中国美术学院出版社，2010.

[3] 郑中华，室内设计表现技法.北京：高等教育出版社，2003.

[4] 张跃华，效果图表现技法.上海：东方出版中心，2008.

[5] 刘甦，太良平.室内装饰工程制图.北京：中国轻工业出版社，2006.

[6] 绘世界 http：//www. huisj. com/.

[7] 手绘100网 http：//www.hui100.com/.

[8] 中国手绘同盟网 http：//www.shouhui119.com/.